中国地质科学院水文地质环境地质研究所科普系列之一

策划：张兆吉 申建梅

神奇的孢子和花粉

杨振京 杨庆华 王宪曾 倪书钦 编著

地质出版社

·北 京·

内 容 提 要

本书介绍了孢子和花粉及其与植物关系的基础知识，论述了孢子和花粉在科学研究中的广泛应用，讲述了花粉的营养成分和医疗保健作用。

本书图文并茂、深入浅出地揭示了孢子和花粉的神奇之处，是一本面向大众的高级科普，也可供从事孢子和花粉研究的专业人士参考。

图书在版编目（CIP）数据

神奇的孢子和花粉 / 杨振京等编著 . —北京：地质出版社，2014.7（2020.7 重印）

ISBN 978-7-116-08876-4

Ⅰ. ①神… Ⅱ. ①杨… Ⅲ. ①孢粉学－普及读物 Ⅳ. ① Q944.571-49

中国版本图书馆 CIP 数据核字（2014）第 151340 号

责任编辑：蔡卫东
责任校对：李 玫
出版发行：地质出版社
社址邮编：北京海淀区学院路31号，100083
电 话：(010) 66554528（邮购部）；(010) 66554628（编辑室）
网 址：http://www.gph.com.cn
传 真：(010) 66554686
印 刷：三河市人民印务有限公司
开 本：889mm × 1194mm 1/32
印 张：2
字 数：50 千字
印 数：1501—4500册
版 次：2014年7月北京第 1 版
印 次：2020年7月河北第 2 次印刷
定 价：30.00元
书 号：ISBN 978-7-116-08876-4

序

我们在研究第四纪地质环境演变与气候变化规律中，用到了孢粉学的研究内容。通过对地层沉积物中的孢粉分析，我们可以获得地球历史时期的古植被信息，进而推测当时的古地貌（山地、丘陵、平原、河流、湖泊、海洋）、古气候（寒冷、温暖、干旱、湿润）、古环境（人类赖以生存和发展的物质条件的综合体）特征。根据钻探取得的一系列连续沉积物样品的孢粉分析结果，可以推断出该区域的植被、气候、环境变化规律，探讨全球气候变化机制和趋势，了解人类活动与环境变化相互作用的关系，用“将今论古、将今预测未来”的研究方式，来了解我们生存环境的过去，以便更好地保护我们现在的生态家园，更好地设计我们的未来。

孢粉学的研究应用相当广泛，除了在第四纪地质学科中应用以外，本书还介绍了孢粉分析在其他学科中的应用，如植物学、考古学、水文地质、海洋地质、石油勘探、医学、营养学、侦探等方面。近20年来，伴随着孢粉营养成分与保健作用研究取得的突破性进展，孢粉学在营养学上得到了广泛应用，推动了国内外花粉资源的开发与利用。花粉及其产品逐渐为普通人所认识和接受，并逐步走近和影响着我们的日常生活，有相当一部分人群已深受花粉的益处。然而，孢子和花粉是非常微小的植物细胞，只有专业人员借助显微镜才能鉴定其内部结构和外部特征。此书用丰富多彩的图片、通俗易读的文字，深入浅出地介绍了孢子和花粉的基础知识、科学应用、营养保健等方面的知识要点，融知识性、趣味性、观赏性、艺术性于一体，将基础性研究的科学知识，用科普的形式展现给读者，让这神奇而美丽的孢子和花粉成为众所周知，企盼花粉的营养成分能尽早带给更多人健康。为此我欣然作序，极力推荐此书。

俄罗斯自然科学院院士

中国地质科学院水文地质环境地质研究所所长、研究员

2014年6月11日

前　　言

浩瀚无际的宇宙、广阔无垠的大自然，演绎着无数的生命，诉说着无数的神奇。神奇的大自然、奇妙的动植物，一幅幅绚丽的画卷、一段段神秘的故事，让我们目睹了神奇而多姿的花、草、树木等。

然而，我们在领略或欣赏那绚丽多姿的植物时，是否注意或留心观察过植物的花蕊和孢子囊，其中包含着神奇而微小的孢子和花粉，别看这小小的看似金黄色粉末状的孢子和花粉，它可是植物的精华，是植物繁衍后代的生殖细胞，千变万化的遗传基因信息都蕴藏于其中，它是研究古植被、古气候和探索地球宝藏的金钥匙，是21世纪人类最理想的新型天然营养源。在这里，让我们的植物学家、地质学家、医学家、营养学家来给

大家讲述这神奇的孢子和花粉，揭开其神秘的面纱。

因此，特编写本书，旨在让更多的人了解孢子和花粉，从而对孢子和花粉的科学研究与营养价值产生浓厚的兴趣，更加热爱我们的科学研究，关注我们共同生存的家园，保护身边的生态环境，受益于花粉的营养保健。

作　者

2014年5月16日

目　　录

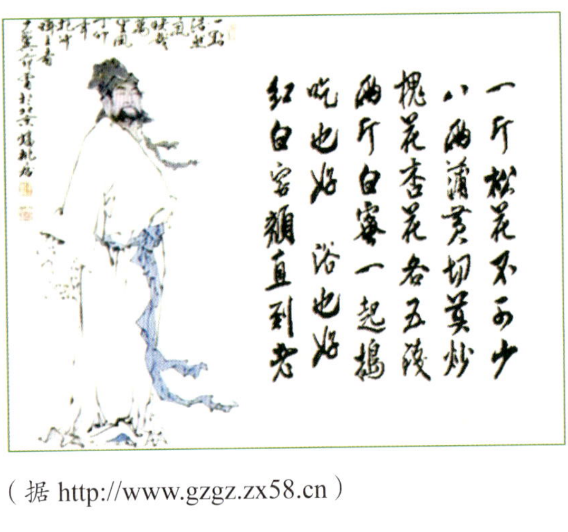

（据 http://www.gzgz.zx58.cn）

第一部分

孢子花粉的基础知识

1. 孢子花粉是什么?

孢子和花粉是植物的繁殖细胞，合称为孢子花粉（简称孢粉）。自然界植物分为以孢子进行繁殖的孢子植物和以花粉进行繁殖的种子植物两大类。种子植物又分为裸子植物和被子植物。裸子植物的花粉一般产于球果状的雄花中，如松树，少数产于柔荑花序状的雄花序中，如银杏

常见植物花形及孢子囊

a—油松（作者自拍）; b—银杏（据 http：//www.aiyinxing.com）; c—菊科向日葵（据 http://www.niutuku.com）; d—槲蕨（据 http：//www. planta.cn）

树；被子植物的花粉产于雄蕊的花药中，如菊科的向日葵。孢子植物的孢子汇聚在叶的背面或叶缘的孢子囊中，如蕨类。

孢子花粉为金黄色粉末状颗粒，个体较小，通常在显微镜下才能看清其细微结构。花粉较为人们熟悉，在国外欧美国家的商店里和餐桌上，随处可见瓶装的原花粉。在我国也引起食品界和医药界的关注，花粉产品相继问世，商店里有专用的花粉护肤品、花粉胶囊，以及花粉精等营养保健食品和药品。

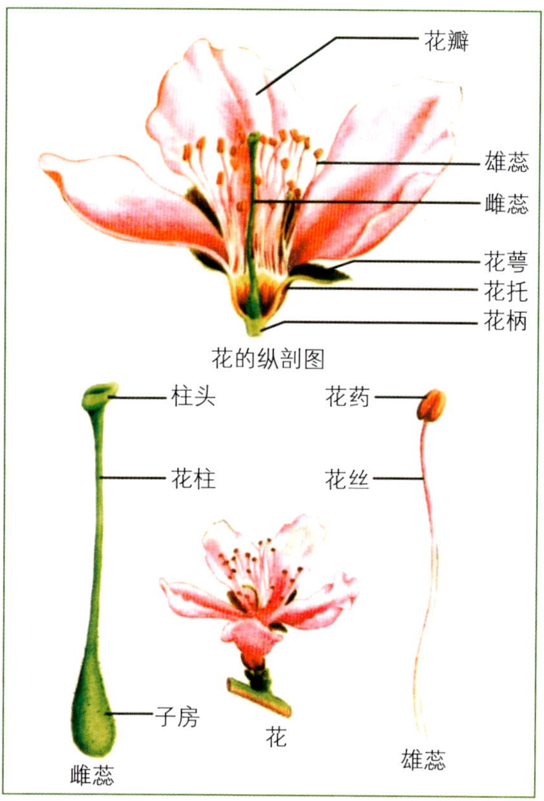

被子植物花的构造

（据吴萍，2013）

2. 孢子花粉与植物的关系

俗语说："种瓜得瓜，种豆得豆。"这告诉我们植物的基因信息在遗传中的重要性和唯一性。这句俗语讲的是植物的种子，然而这些植物的种子是从哪儿来的呢？植物学家告诉我们，种子是通过花粉与胚珠进行受粉后产生的配子体发育生长而成的，最后结出成熟的果实，种子是果实里的内核。花粉才是主宰植物多样性基因信息的核心载体，也就是说"不同的植物开不同的花，什么样的花产生什么样的花粉"，花粉的形态特征与植物种类是一一对应的。

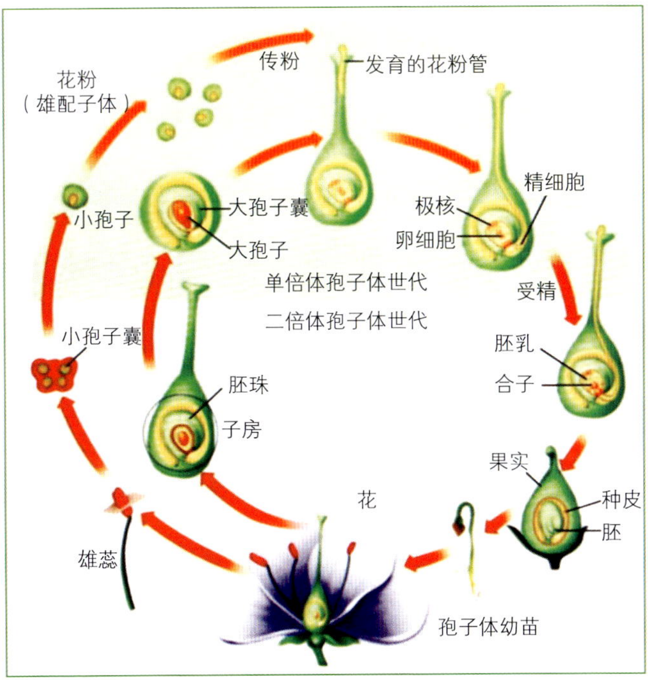

被子植物的生活史

（据 http://www.ks5u）

植物的多样性体现在植物的根、茎、叶、果实、花和花粉中，五彩缤纷、千姿百态的植物造就了千奇百怪、形态万千的花粉。植物学家在这复杂多样的花粉形态中发现了规律，通过观察花粉的外表纹理特征和内部几何结构就能判别某一花粉属于哪个科属，建立了植物种类与孢子花粉形态特征类型之间的网状关系。

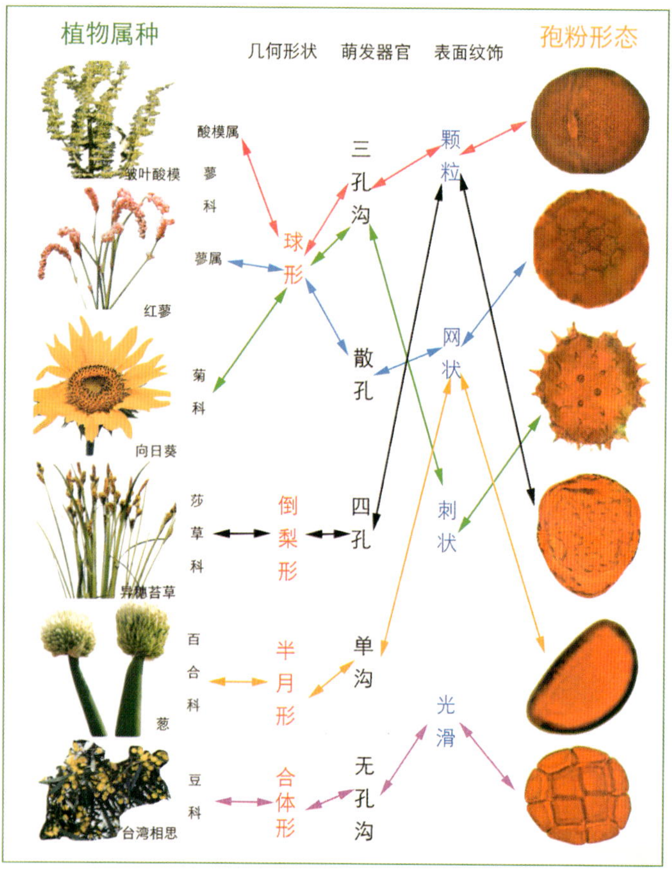

植物与花粉的对应关系

（据乔秉善，2005，经修改）

3. 科学家为什么要研究孢子花粉?

最初接触孢子花粉的人常常会问起：这些孢子花粉肉眼也看不清楚，也不是生活的必需品，有什么可研究的价值呢?正因为它小，常被人们忽视，可是在显微镜下它既复杂又神奇，是科学家眼里一个难得的研究素材。因为它是植物遗传基因的载体，是植物的精华，包含着人体所需要的所有营养元素。由于孢粉的外壁成分的奇特性，在上千万年前地球沉积的岩石里依然能找到孢粉。

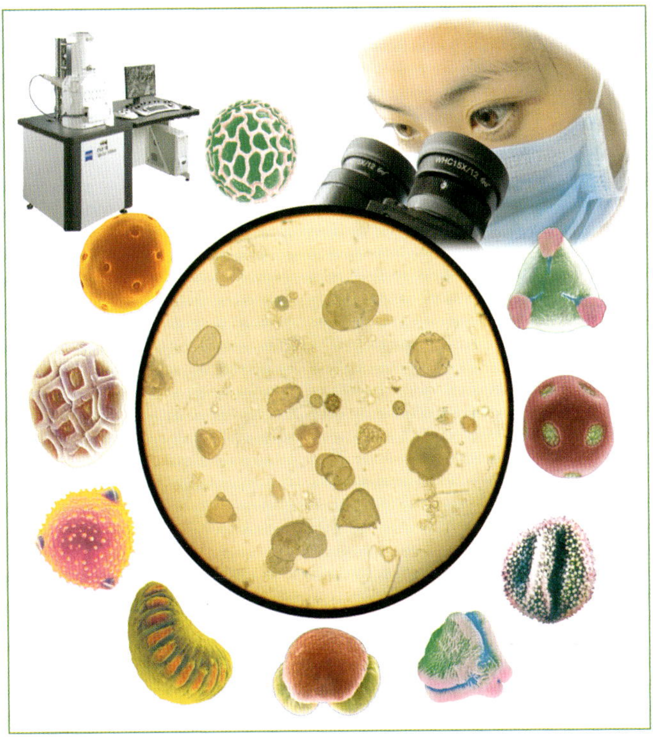

显微镜下美丽的花粉

（据李天庆，2011，经修改）

孢粉与植物还有唯一相对应的关系，科学家研究发现孢粉所代表的植物信息与我们开采的石油、煤、钾盐等矿床有密切联系，是寻找地球宝藏的金钥匙，是恢复历史时期古植被、古气候的研究指标，通过“将今论古”的模式可以预测全球气候变化的趋势。植物学家、地质学家、考古学家、营养学家等都在不断地研究孢粉，孢粉学得到了广泛的应用和发展。

古环境因素与沉积矿产关系表

古环境条件 / 沉积矿产类型	古植被条件	古气候条件	古地理条件	地质条件
石油、煤	各种水生、陆生植物繁盛	湿热多雨	大型滨海、浅海、三角洲、湖泊	迅速埋藏及堆积，高温、高压作用
石膏、岩盐、钾盐	旱生植物十分发育	干旱少雨	内陆盐碱化湖盆	化学作用为主

（据王宪曾，1992）

不同环境中的植物及其孢粉

a—海南尖峰岭热带雨林中的藤本植物（据张新时，2007）；b—湿热气候环境中的代表性孢粉；c—干旱气候环境中的代表性孢粉；d—柴达木盆地阿拉尔湖盆地含盐白刺的芦苇盐生草甸（据张新时，2007）

4. 孢子花粉的形成与形状

孢粉是植物的繁殖细胞，它是由母细胞的核经过两次减数分裂(分裂过程中染色体只复制一次)形成4个核，围绕各个核形成垂直的间壁，分裂成为四分体，每个分体间的间壁再形成两层，终至分离，完成了单粒孢子或花粉的形成过程。四分体的排列常见两种形式，分裂前的接触面称近极面，最近的接触点称近极点，与之相对应的为远极面和远极点。

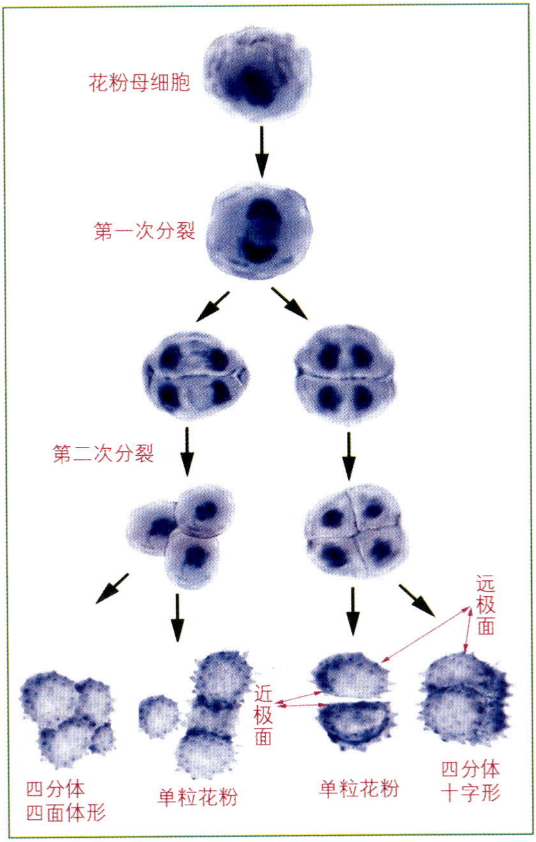

花粉形成图 ▶
（据王开发，1983，经修改）

孢粉有等极和不等极之分，具一定的几何形态，有对称和不对称之分，且形状各异，取决于四分体中的排列方式和萌发器官类型。一般常见形态为豆形、圆锥体形、圆球形、椭球形、扁球形等，其投影轮廓为豆形、圆形、椭圆形、三角形、圆三角形、四边形、五边形、多边形、三至五列圆形、松属花粉形等。常见的孢粉为单胞孢粉，也有双胞、四胞、多胞孢粉。

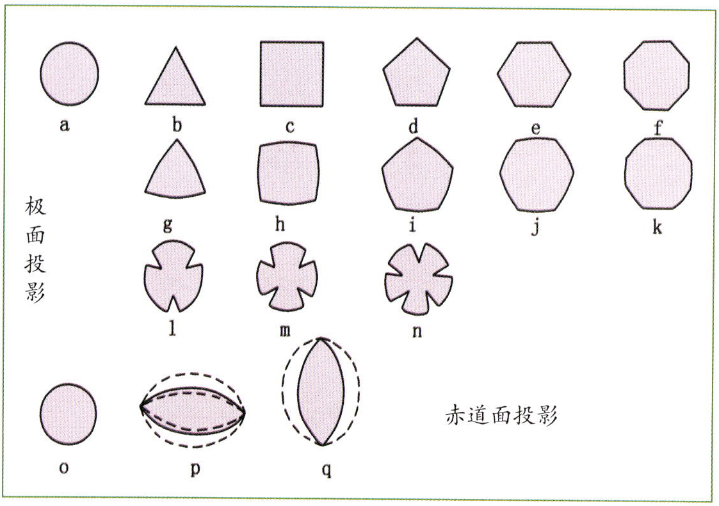

花粉粒在不同投影面上的轮廓

（据王开发，1988）

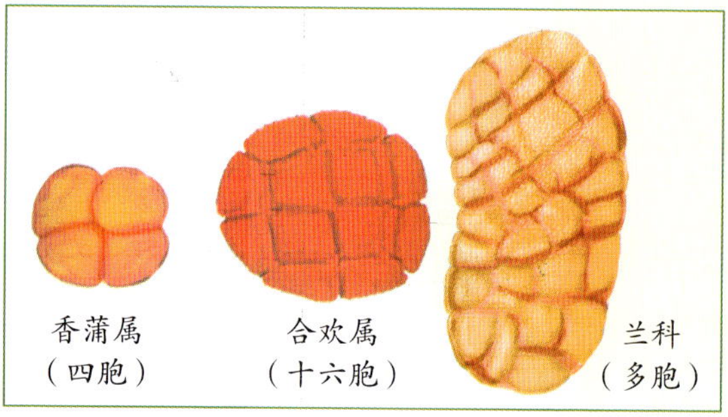

孢粉组成类型

（据乔秉善，2005）

5. 孢子花粉有哪些奇特的结构及特征?

在显微镜下观察发现，这些微小的孢子和花粉竟然是如此的美丽神奇！首先，从表面上看孢粉的外壁或周壁具有复杂多样的纹理图案，如网状、条形、颗粒、刺状，以及复合型等，像是能工巧匠雕刻的艺术作品。其次，孢粉不是完全封闭的细胞，其内部空间结构呈现出裂缝(射线)、孔、沟等萌发器官，几何形态也分为锥形、纺锤形、球形等。这些结构是鉴定孢粉属种的主要依据。新鲜的花粉中包含了人体所需的各种营养成分，是21世纪人类的重要营养源。

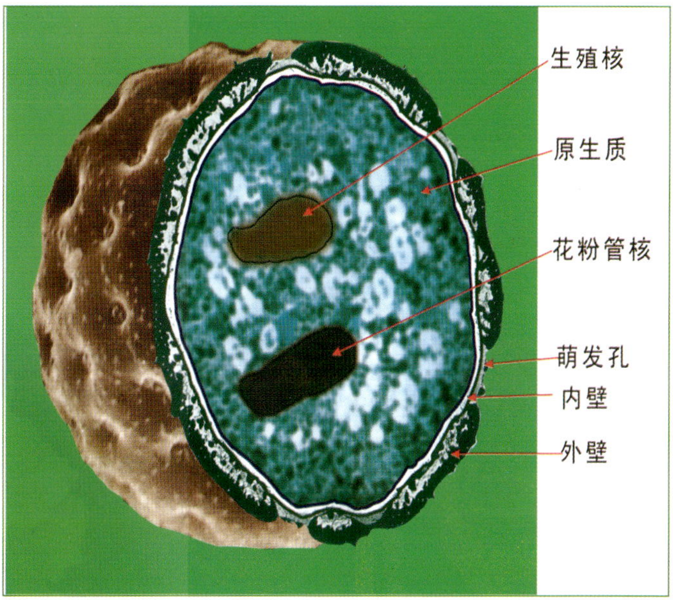

藜科现代花粉结构图

（据乔秉善，2005，经修改）

在孢粉离开植物母体散落到地表，经过一段时间的环境作用后，其中的原生汁、内壁、孢粉核等内部填充物都被土壤吸收，只保存下孢粉的外壁，成为化石孢粉。然而，孢粉的这层外壁物质成分是一种特殊的类胡萝卜素的有机物——孢粉素。它耐高温、抗酸碱、抗氧化，在沉积了上千万年的岩石中依然保存完好，这就给地质古生物学家们提供了极其宝贵的研究材料。

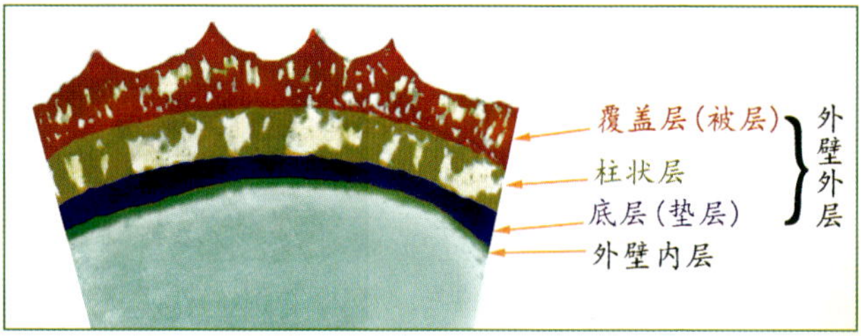

透射电镜下菊科蒿属花粉外壁分层图

（据乔秉善，2005，经修改）

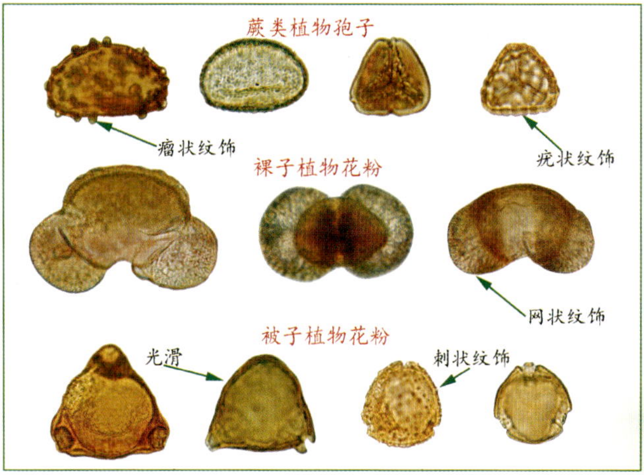

光学显微镜下化石孢粉形态图

（据杨振京，2013）

6. 千姿百态的孢子花粉

常见的高等植物产生的孢子花粉有苔藓植物孢子、蕨类植物孢子、裸子植物花粉、被子植物花粉四大类。孢粉形态的描述与归类主要从几何形态、萌发器官、纹饰特征3个方面来进行鉴定。苔藓植物的孢子大多数为无裂缝构造，常具小刺和网状纹饰，少数具简单的三射线，表面光滑；蕨类植物的孢子都具裂缝构造，有单裂缝和三裂缝两

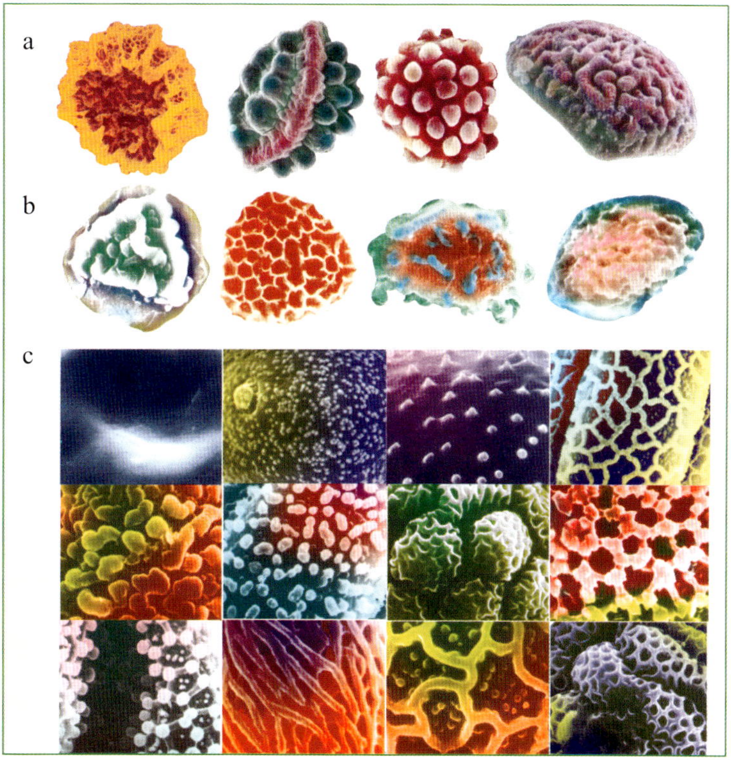

孢粉的形态及其纹饰

a—苔藓植物孢子形态（据张玉龙，2006）；b—蕨类植物孢子形态（据IB，1976）；c—孢子与花粉常见纹饰（据李天庆，2011）

类，三裂缝又分为简单裂缝和复杂裂缝，经常具周壁，纹饰常见为颗粒、刺、瘤、网状等；裸子植物的花粉根据气囊的有无、萌发器官的特点，分为5种基本类型；被子植物的花粉类型最为复杂，根据花粉单粒存在或处于集合状态、萌发孔的有无、萌发孔的形状和位置，以及数目等特征，可分为19种类型，再结合9种纹饰，真可谓千姿百态、五彩缤纷。

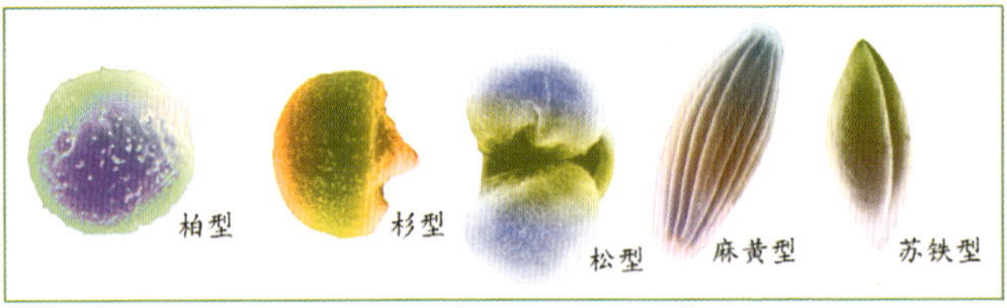

裸子植物常见花粉形态类型

（据李天庆，2011）

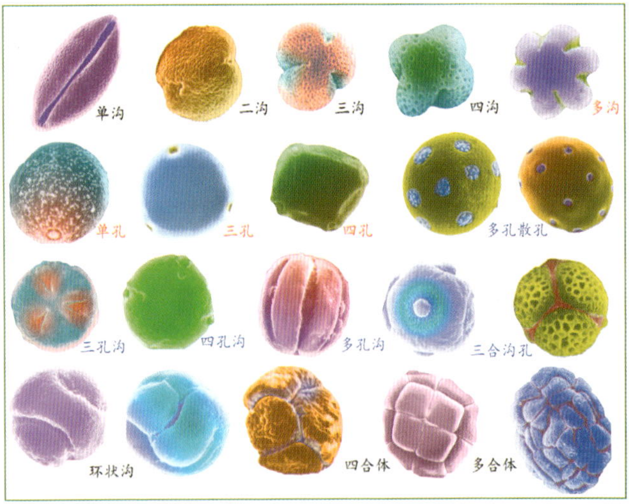

被子植物常见花粉形态类型

（据李天庆，2011）

7. 无处不在的花粉

孢子花粉很小，直径通常在30微米左右，肉眼看不见，混在空气中犹如粉尘，溶入水中也较难察觉，有的花粉还长有气囊，如松树的花粉，具有一定的飞行能力，随着气流能散布到上千千米之外。只要有植物的地方，一年四季都有花粉，春季是盛花期，空气中的花粉浓度较高，常形成花粉雨。

花粉成熟后就会从母体里脱落，被昆虫携带、被雨水淋滤、被风吹散，这也是植物进行授粉的途径。因此，在我们的周围，花粉无处不在，而且是多种植物花粉的混合体。大气中，江、河、湖、海中，土壤中，都充满着孢子和花粉。这给我们的研究提供了如此广阔的空间，也给我们对过敏花粉的防治带来了困难。过敏花粉的来源、季节、传播方向、易发人群的防治等都成为研究课题。

花粉的传播途径

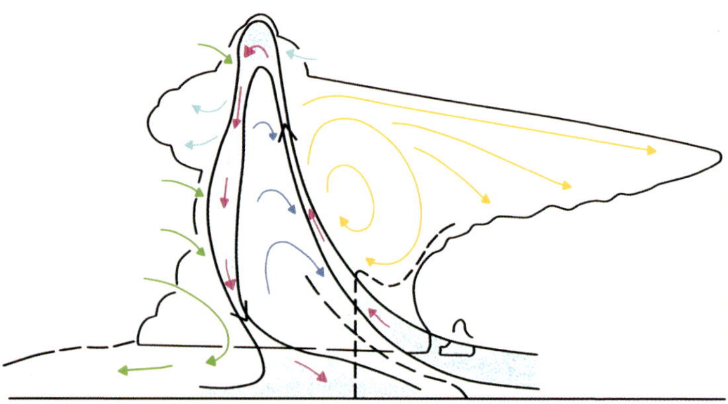

风暴时花粉在空气中的流动路线图

（据王宪曾，1990）

8. 孢粉学的研究内容与发展现状

孢粉学是对已知母体植物的孢子花粉的研究，确定一定分类单位内的孢子或花粉在形态、结构和化学成分等方面定量或定性的特征，独立或与植物其他特征相结合，为植物的分类或系统演化研究提供依据；同时，为分散孢子和花粉的鉴定提供依据；对保存在沉积物中的分散孢子和花粉的研究，确定孢子花粉与它们的母体植物的联系，用孢粉组合建立地层沉积时期植被的定性或定量转换关系，进而推断地质时期植被的演化规律和趋势及其与环境的有机联系。

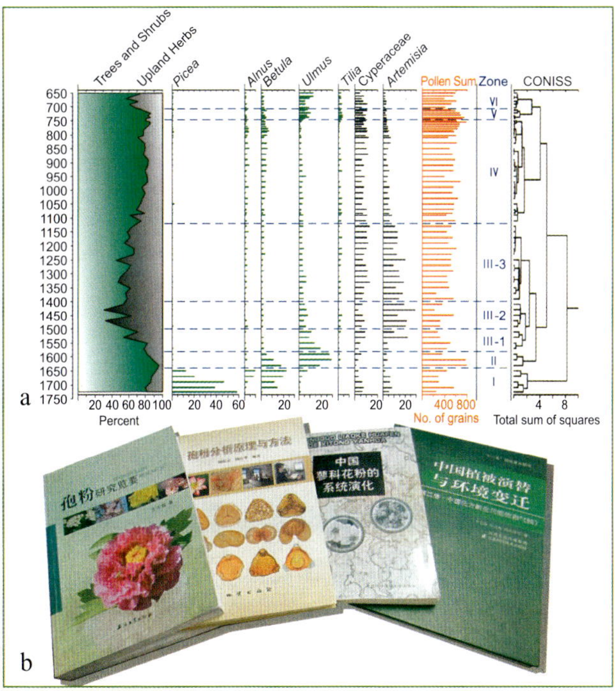

孢粉百分比图及研究著作

a—通过孢粉分析获得数据做出的孢粉百分比图；b—孢粉学研究著作

其研究内容主要涉及地质学、古植物学、古气候学和地理学。多年来由于生产实践和邻近学科的需要，已得到迅速的发展。现已广泛地应用于地下水资源的开发与利用、砂矿和泥炭的勘探开发、工程建设、环境保护、医学营养保健等方面，同时，在植被演替、气候变化、海陆变迁、第四纪地层的划分与对比、古人类活动的自然环境等学科的研究中也起着重要作用。

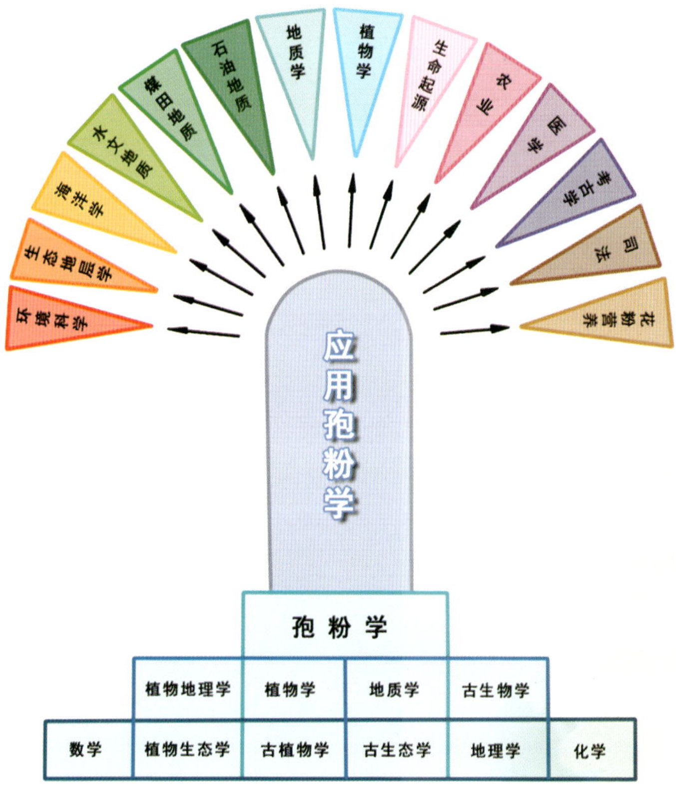

孢粉学及其应用

（据王宪曾，1990）

9. 孢粉是如何分析和鉴定的?

孢粉分析的工作内容可分为两个阶段：首先是对样品在实验室进行前期物理和化学处理；其次在显微镜下进行形态鉴定统计。在实验室将野外采集回的样品经过下样、酸、碱处理、过筛、重液浮选、制管；然后，在鉴定室制活动玻片、显微镜下鉴定统计、制作孢粉百分比含量图；最后，根据孢粉组合特征及植物的生态习性进行植被面貌探讨，进而恢复古气候、古环境，为研究全球气候演变规律提供科学依据。

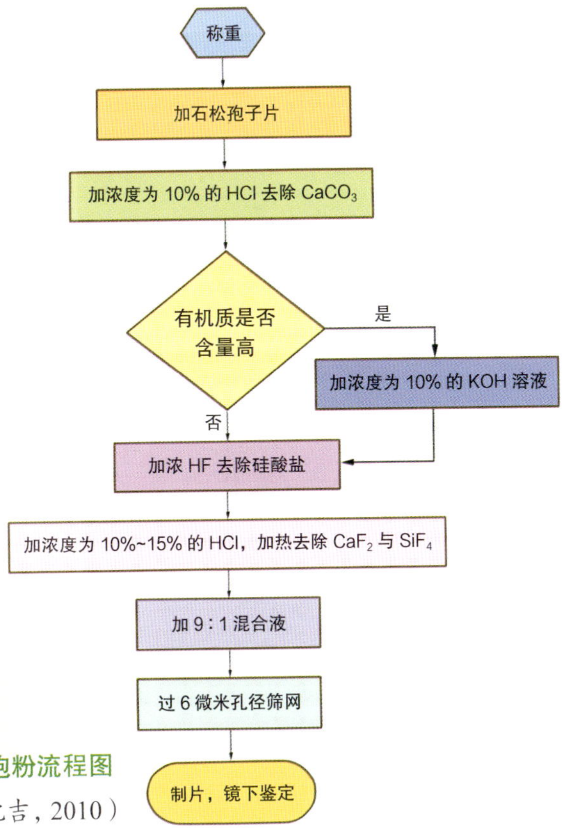

氢氟酸（HF）法提取孢粉流程图

（据沈吉，2010）

由于孢粉样品的采集依研究目的的不同分为现代孢粉、第四纪沉积物中的孢粉、大气中的孢粉、第四纪以前沉积物中的孢粉，第四纪沉积物又分为表土、泥炭、湖泥、露头剖面、钻孔岩心等，因此，与其相对应的实验方法也有所不同，要看样做样，灵活掌握。通常对孢粉的鉴定都是用光学生物显微镜在镜下观察活动片，进行鉴定统计。虽然扫描和透射电子显微镜能更加清楚地观察孢粉的纹饰和结构，但由于该样品的前期制作过程相对复杂，仅适用于特殊要求的科学研究中。

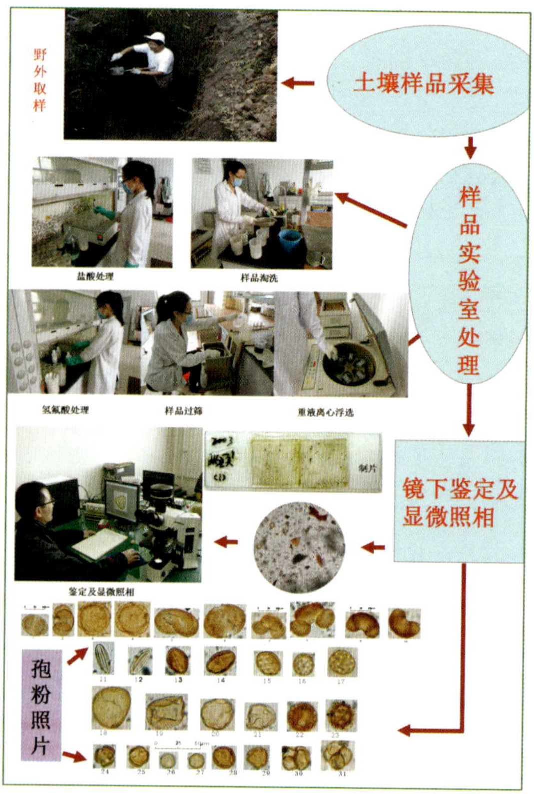

孢粉采样、分析和鉴定综合图

1、2—松属 (*Pinus*)；3、4—铁杉属 (*Tsuga*)；5、6—云杉属 (*Picea*)；7、8—冷杉属 (*Abies*)；9、10—雪松属 (*Cedrus*)；11、12—麻黄属 (*Ephedra*)；13、14—白刺属 (*Nitruria*)；15、16、17—藜科 (Chenopodiaceae)；18、19、20、21—禾本科 (Gramineae)；22、23—菊科 (Compositae)；24、25—蒿属 (*Artemisia*)；26、27—唐松草属 (*Thalictrum*)；28、29—茄科 (Solanaceae)；30、31—香蒲属 (*Typha*)

第二部分

孢子花粉的科学意义

1. 根据孢粉形态进行植物分类以及系统演化研究

孢粉的形态学研究和植物分类有着十分密切的关系，通过孢粉形态的详细研究，可以为植物分类提供许多重要资料，修订传统植物分类系统中某些不科学的地方。如张金谈先生在研究金缕梅科的花粉形态时，发现该科的共同特点是都具有三沟构造，但唯有该科的枫香属花粉的形态与其他各属的共同特点不同，它的形态特点不是三沟类型，而是和三沟花粉没有任何共同之处的散孔类型。他认

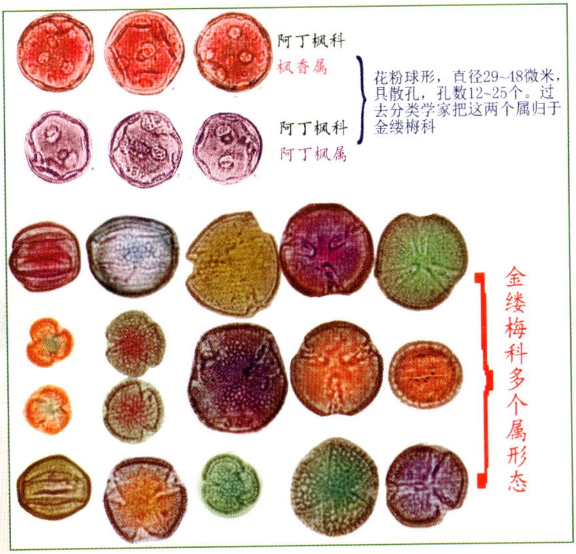

金缕梅科各属花粉形态

（据 IB 和 SCIB，1982）

为枫香属不应当归入金缕梅科之中，而应当独立成为一个新科，命名为阿丁枫科。该结论发表后不但得到广大孢粉学者的支持，而且也得到了植物分类学家的赞同。

大量的孢粉形态研究表明，同一类群中孢粉形态的变异很可能具有系统发育上的意义，而不同类群中孢粉形态的相似性可能体现了它们之间的亲缘关系。

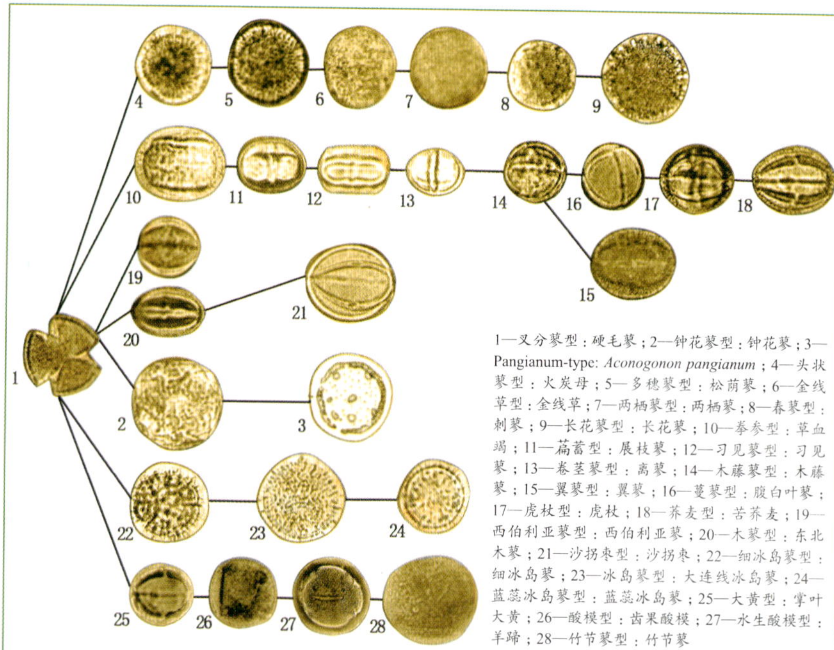

1—叉分蓼型：硬毛蓼；2—钟花蓼型：钟花蓼；3—Pangianum-type: *Aconogonon pangianum*；4—头状蓼型：火炭母；5—多穗蓼型：松荫蓼；6—金线草型：金线草；7—两栖蓼型：两栖蓼；8—春蓼型：刺蓼；9—长花蓼型：长花蓼；10—拳参型：草血竭；11—萹蓄型：展枝蓼；12—习见蓼型：习见蓼；13—卷茎蓼型：离蓼；14—木藤蓼型：木藤蓼；15—翼蓼型：翼蓼；16—蔓蓼型：腹白叶蓼；17—虎杖型：虎杖；18—荞麦型：苦荞麦；19—西伯利亚蓼型：西伯利亚蓼；20—木蓼型：东北木蓼；21—沙拐枣型：沙拐枣；22—细冰岛蓼型：细冰岛蓼；23—冰岛蓼型：大连线冰岛蓼；24—蓝蕊冰岛蓼型：蓝蕊冰岛蓼；25—大黄型：掌叶大黄；26—酸模型：齿果酸模；27—水生酸模型：羊蹄；28—竹节蓼型：竹节蓼

已有的孢粉学资料表明，萌发孔类型的演化趋势有两类（据 M. 温坎坡，1990），简单萌发孔为 3 沟—多沟—散沟—散孔。复合萌发孔为 3 沟—3 孔沟—散孔沟—散孔。花粉外壁结构的演化趋势（据 Walker, 1974a），为无穿孔覆盖层—具穿孔覆盖层—无覆盖层，由此得出蓼科花粉外壁纹饰的演化方向为微刺—穴状—微刺—穿孔—细网状—粗网状—具裸露的鼓槌状基柱。形状为长球形—近长球形—球形（据张小平，1998）

中国蓼科花粉的类型及其演化关系

（据张小平，1998）

2. 医学家对花粉过敏症的研究与防治

医学家研究发现，人们的许多过敏性疾病是因为接触空气中的某些致敏花粉引起的。大气中悬浮微粒污染源中，一类是无机微粒如煤粉、尘埃、汽车尾气、火山灰、二氧化硫等；另一类是真菌和蕨类植物的孢子、种子植物的花粉、细菌、病毒、植物残体、有机污染挥发物等有机微粒，孢子和花粉即是有机污染物的主要来源。

大气中有机悬浮微粒的主要成分

（据王宪曾，1992）

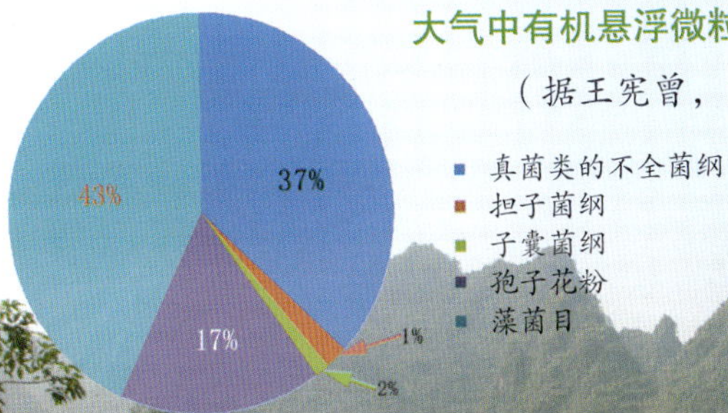

如对北京地区一年中大气里的孢子和花粉种类和含量变化调查发现，8～9月份是蒿、蓖麻、大麻、黎、禾草花粉浓度高值期，正好也是花粉过敏病人的发病率高峰期，用其花粉浸液做皮下反应试验证明，蒿属花粉是主要花粉致病源。因此，通过研究空气中孢子花粉的种类、含量、来源，就可以预防控制和有效治疗因花粉过敏引起的过敏病症。

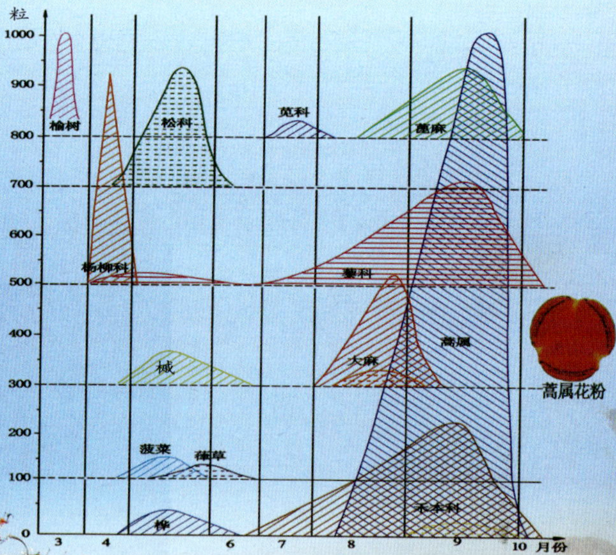

北京市空中花粉种类含量与季节的关系

（据王宪曾，1990）

3. 考古学家运用花粉探索人类种植农作物起源

在古代社会，原始人类及原始社会的形成和发展与所处的自然环境有着密切的关系，越原始的社会人类对自然环境的依赖性就越大，反过来，人类的生活也影响和改变着自然环境。因此，通过对考古遗址中花粉的研究，可以了解当时古人类生活时期的古环境，以及古人类的生活、生产活动对古环境的影响。

古人类居住地址均选在河流的二级阶地或湖泊近岸的高地上，满足了取水方便，保证了不被洪水冲走家园的安全，又可打鱼狩猎生活。拒马河镇江营遗址附近从新石器时代开始到商周朝都有人类在那里生活。

据日本考古学家安田喜宪对日本大阪市瓜生堂遗址的花粉分析得出：弥生时代人类居住以前遗址四周生长着森林，人类居住以后大肆砍伐树木变成草原，弥生时代末期，遗址被放弃后四周森林再度恢复。由此可见，古人类的生产和生活也能大大改变自然环境。

用化石花粉恢复古人类居住环境图

（据王宪曾，2005）

在人类社会发展过程中，通过对遗址内的花粉研究，还可以推断人类如何从采集和狩猎的游牧生活发展为以农耕为主的定居生活，阐明古代社会文化的发展。目前，不少国家在考古研究中已经广泛运用花粉分析法，在我国也取得了良好的研究成果，大大推动了我国考古学的发展，把传统考古学推向综合考古及环境考古的新时代。

a

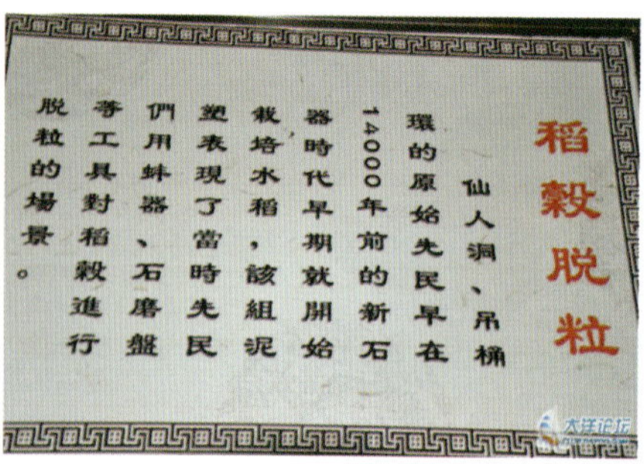

b

北京大学考古系和美国考古学会于1993~1995年组成中美农业考古队，前赴江西省万年县进行水稻起源的研究，笔者（王宪曾）参加了这次研究，并且运用花粉分析的方法成功地完成了对我国水稻起源的研究课题。通过对遗址中野生水稻向人工栽培水稻的演变过程研究认为：江西万年仙人洞遗址中发现的人工栽培水稻的时间为距今10000年左右。这一结论也为综合研究中的其他研究成果所证实。从此把世界水稻起源的研究推向了一个新水平，把水稻起源的历史提前了5000年，这是一次考古学上的重大发现。该成果曾在美国相关刊物发表。

万年仙人洞遗址发掘现场及考古研究成果

a—万年仙人洞遗址发掘现场（据 http://www.kgzg.cn）；b—万年仙人洞考古研究成果（据王宪曾，2005）

4. 古植被、古气候、古地理演化的孢粉证据

在复杂的地质与生物环境作用下，在经历上百万年的沉积物中，绝大多数植物的根、茎、叶、果实、种子等都未能保存下来，只有当时植物生长的孢子和花粉能较好保存。这是因为孢子花粉的外壁是一层奇特的孢粉素有机成分，它耐酸碱、耐高温、抗氧化，在历史地层中能以化石孢粉形式存在，孢粉组合特征反映的是当时的古植物面貌，研究孢粉所对应的植物生态习性，可以得出历史时期该区域生长的是森林、灌丛、草原，还是荒漠，是热带植物群落还是温带植被类型，是喜湿种类还是耐旱种类等，还可以从低等植物向高等植物演化序列划分地质年代。

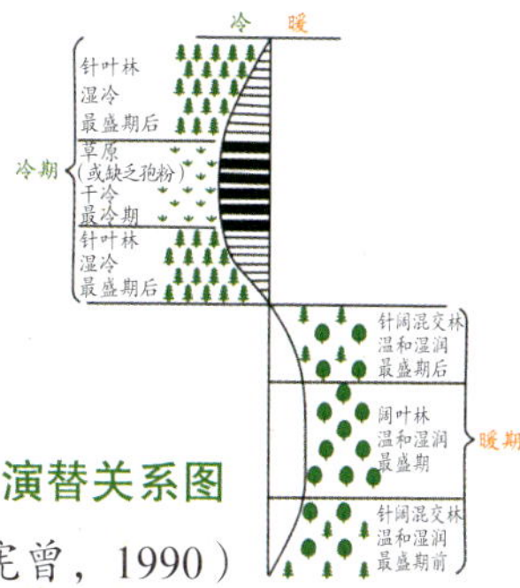

华北第四纪气候演变及植被演替关系图

（据王宪曾，1990）

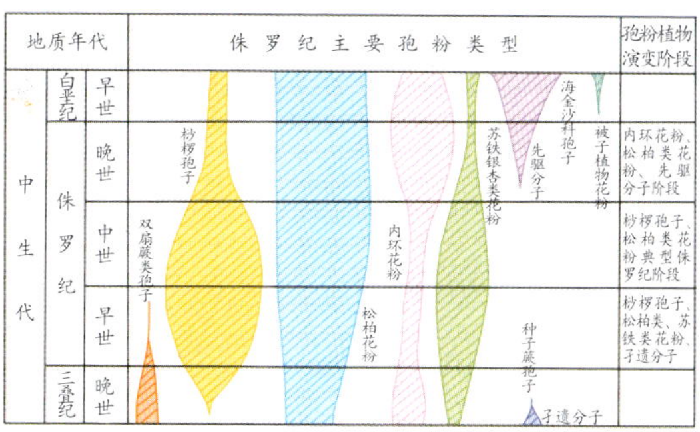

侏罗纪地质年代划分与孢粉植物群演变阶段

（据王宪曾，1990）

这些古植物演化的过程也是古气候演变的过程，也是古环境变迁的过程，有人把孢粉指标反映的气候特征称作是历史时期的温度计。总之，通过对化石孢粉的研究，可以恢复历史时期各个阶段的古植被类型、古气候、古环境，从而为研究地球及人类发展史提供科学依据，为现在环境的研究提供某些重要基础资料。

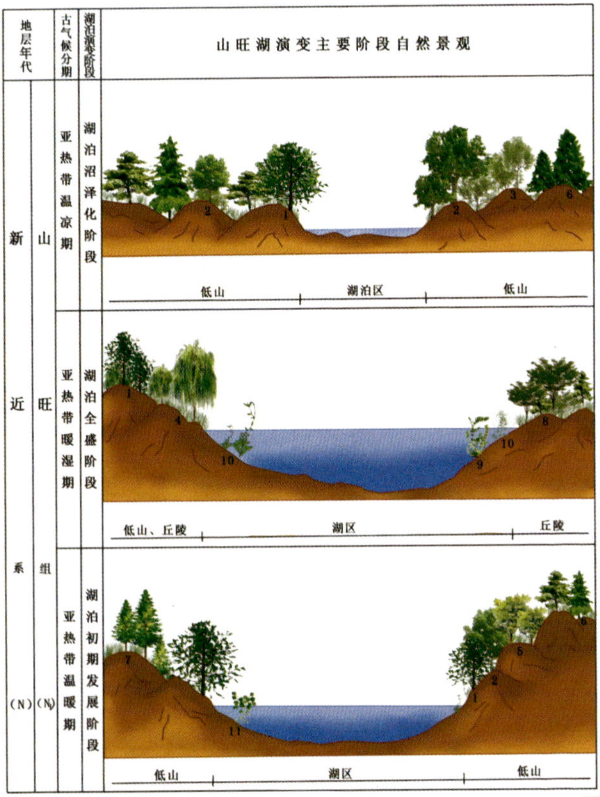

山东临朐山旺中新世古植被、古气候、古地理综合示意图

（据王宪曾，2014，经修改）

1—榆属 (*Ulmus*); 2—栎属 (*Quercus*); 3—山核桃属 (*Carya*); 4—柳属 (*Salix*); 5—朴属 (*Celtis*); 6—松属 (*Pinus*); 7—铁杉属 (*Tsuga*); 8—榉属 (*Zelkova*); 9—金鱼藻属 (*Ceratophyllum*); 10—眼子菜属 (*Potamogeton*); 11—菱属 (*Trapa*)

5. 孢粉与石油、煤、钾盐等资源的关系

一般来说，各种沉积矿产的分布规律及其形成条件都直接或间接地与生物及其生活的环境有关，如各种生物遗体经过物理、化学的变化所产生的能源矿产——石油、煤的形成与化石孢粉有着十分密切的关系。各类孢子和花粉是形成石油的原始物质之一——干酪根，而干酪根经过热降解之后可以生成石油，干酪根热降解生油说是当前石油生成学说中最为科学的一种解释。化石孢粉长期埋在地下地层中，经受长期的高温影响，随着温度的增加和时间的推移，化石孢粉的颜色逐渐变深，半透明度逐渐加大，因此，对孢粉的颜色和半透明度的研究可以推断石油的成熟度。

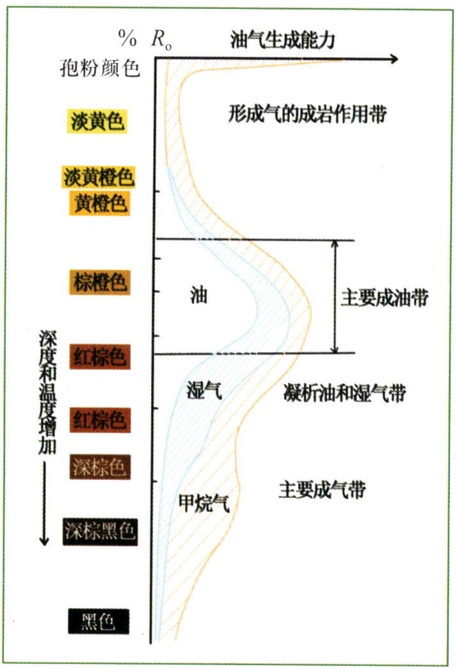

孢粉颜色与油气形成带

（据王开发、王宪曾，1983）

另外，根据化石孢粉在地下地层中的运移规律，可以判断原油的流动方向和石油的原生油的来源地。化石孢粉和煤的生成也有着十分密切的关系。通过对含煤地层中的化石孢粉的研究，就能知道煤是由哪些植物变成的并可确定煤生成的时代。再有，对石膏、钾盐、岩盐等由卤族元素形成的矿石中的化石孢粉的研究得出，古湖泊在干旱的古气候条件下，由于降水量远远小于蒸发量，致使湖水矿化度增加形成石膏、钾盐、石盐等卤族矿产。

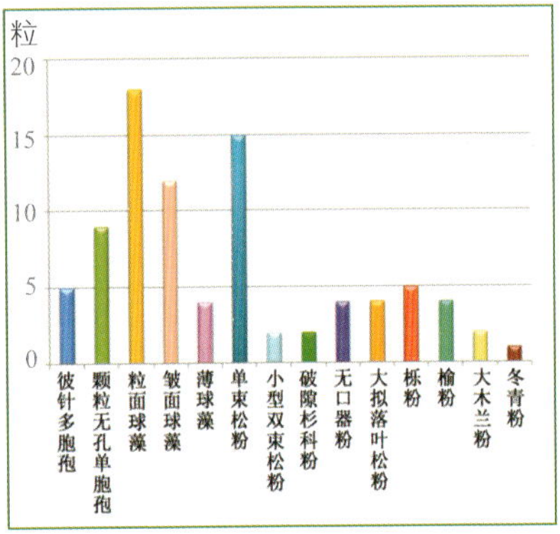

胜利油田大古 43 井原油孢粉图式

（据王开发、王宪曾，1983）

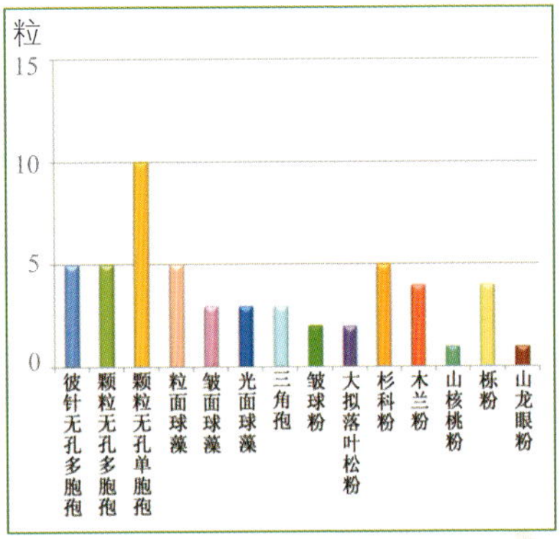

任丘油田任 26 井原油孢粉图式

（据王开发、王宪曾，1983）

孢粉指示新生代成煤环境示意图

6. 海洋孢粉与洋流水动力关系

海洋沉积的孢粉主要来自于滨岸，并大致反映陆缘植被的特征，离岸距离在一定程度上影响了孢粉来源，受洋流及入海口河流的影响，孢粉的分布特征对洋流水动力有较好的指示作用。通常，蕨类植物的孢子散布在植物母体不远的地方，如果在海底沉积物中发现大量远处非本地陆缘蕨类孢子，即可说明该类孢子是洋流携带而来的。

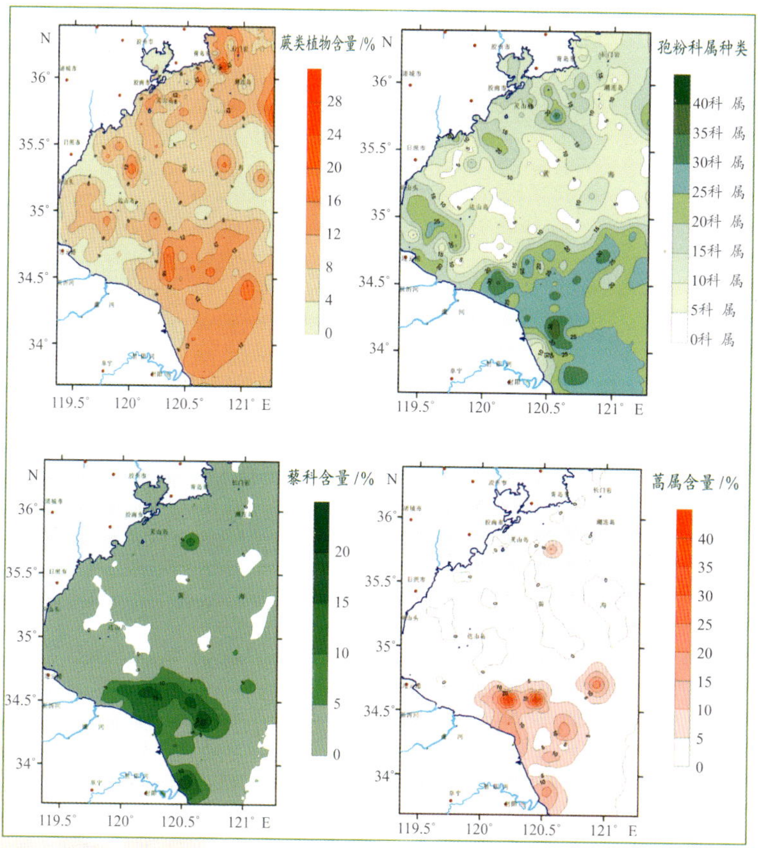

南黄海西部陆架孢粉散布图

非陆缘的其他异地特有木本植物如红树植物花粉，是热带海滨的主要植物群落，其花粉属于就地降落的类型，如果在我国东海北部和南黄海表层沉积物中出现该类型花粉，应当是黑潮暖流北上携带了南方红树林植物花粉所致。水生植物只生长在淡水水域，其孢粉为近距离传播，需要靠河流携带入海，其在海底表层沉积物中的分布规律反映了河流水动力的影响范围。

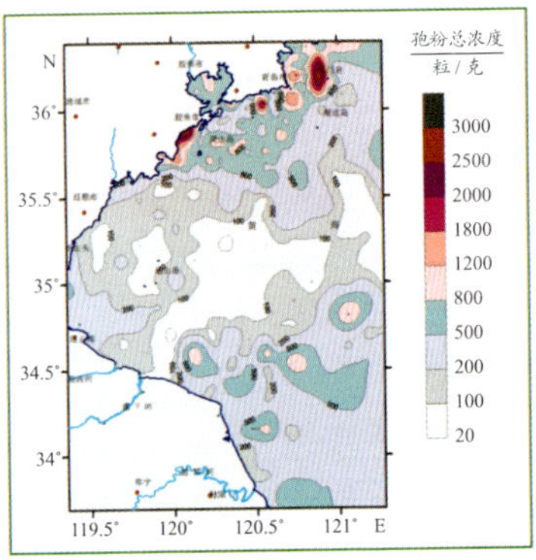

南黄海西部陆架孢子花粉散布图

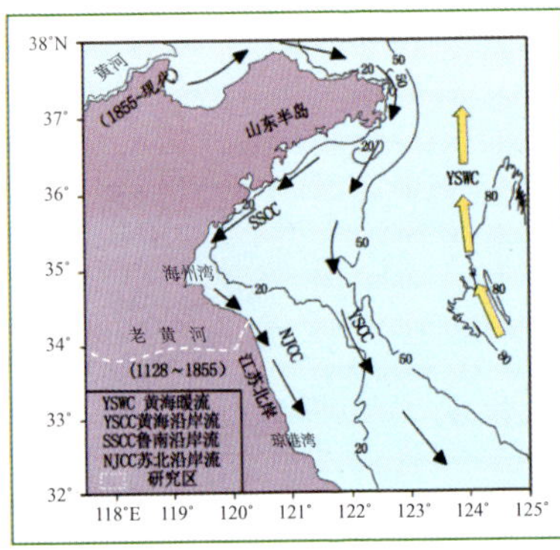

南黄海西部陆架区海流流系（冬季）分布

（据仇建东等，2012）

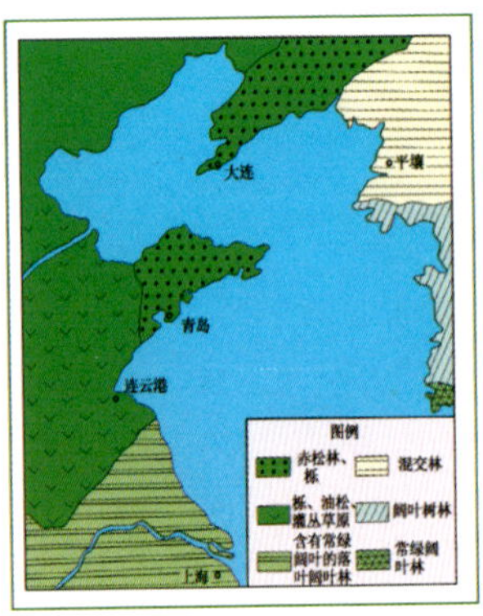

黄海陆缘植被类型图

（据王开发，1987）

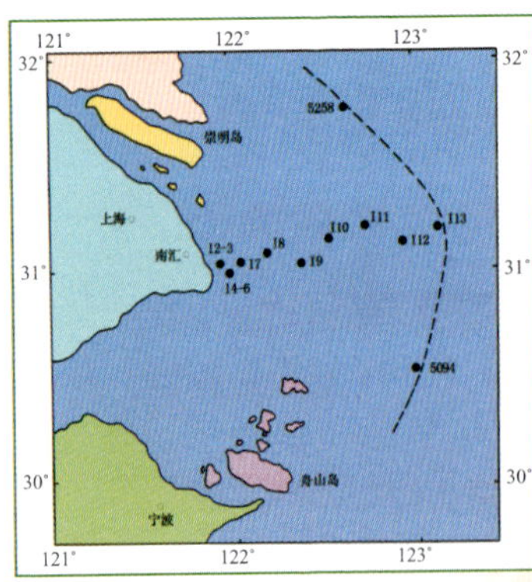

东海表层沉积物中水生植物花粉分布与现代三角洲沉积的扩散界线图

（据王开发，1987）

7. 大气花粉的监测与农业产量预报

玉米、水稻、小麦、谷子等多种重要的农作物都是风媒植物，主要依靠风力来进行传播花粉，因而花粉数量的多少、质量好坏都直接影响着农作物的收成、籽粒的好坏。通过监测一定面积的农作物上空在盛花传粉时期的花粉含量（花粉浓度）大小，即可大致反映当年的收成好坏。浓度越高产量越高，因为农作物的产量与传粉多少和受精作用的充分程度密切相关，如果空气中花粉含量高，则农作物在相同生长环境条件下受精率就高，同时产量也

风标式空气花粉收集器

迁安蔡园乡 1994~1996 年板栗花粉浓度与实际产量汇总表

花粉浓度 粒/100 米^{3}空气			实际总产量 千克		
北屯	蔡园	平均	北屯	蔡园	合计
1161	599	880	65458.5	57054.8	122513.3
2032	1020	1526			
10586	2629	6608			
257	116	187	27198.6	23965.7	51164.3
372	156	264			
647	407	527			
1270	449	860	62387.6	56404.2	118791.8
1867	919	1393			
9307	4540	6924			

（据许清海，1996）

增加。反之则产量降低。在国内外已经利用对大气中农作物花粉的研究，成功地预测了农作物收成。因而通过对大气中农作物花粉的研究可以直接为农作物的收成和病虫害预报提供有意义的资料。

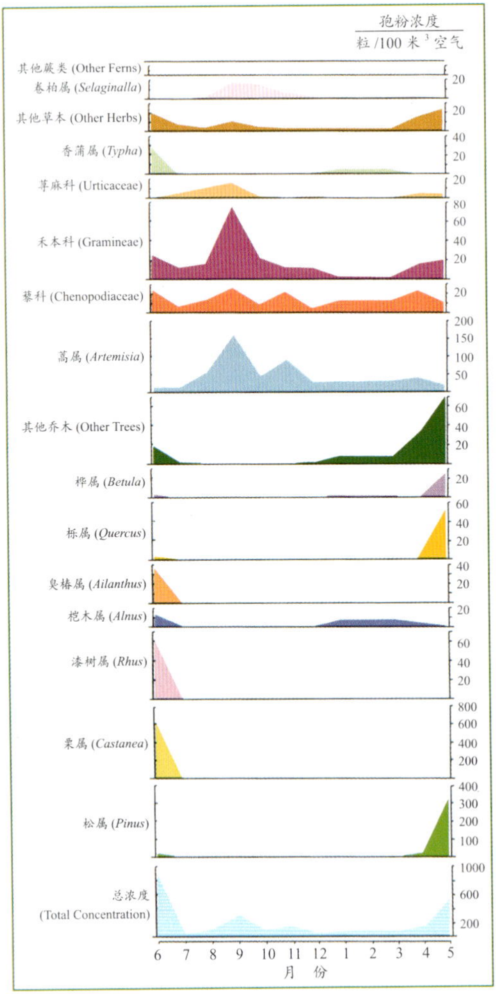

1994年6月至1995年6月蔡园站空气中的孢粉浓度

（据许清海，1999）

研究区花粉浓度与板栗产量相关系数表

采样站点 / 相关系数 / 花期	北屯	蔡园	研究区
花期平均	0.989	0.967	1.000
盛花期	0.999	0.998	0.999
最高浓度	0.998	0.863	0.996

（据许清海，1999）

8. 如何利用孢粉组合侦察破案？

利用孢粉进行破案，其原理是依据不同地区不同时间空气中孢粉组合中代表性植物种类和含量各不相同，特定地点特定时间的孢粉特征具有特殊性（唯一性），孢粉传播的时间性称为“孢粉日历”，在温带地区由于一年四季分明，不同季节、不同月份甚至一个月的上旬和下旬都有一定种类的植物开花传粉，特别是那些数量多、开花时间短暂的花粉在侦察破案上具有更重要的意义。运用这一规律可以通过检测罪犯身上粘带某个季节某个时间段特有植物的花粉，就可以判断该罪犯必然在这个时间外出活动频繁，由此可以为侦察破案提供重要的时间线索。

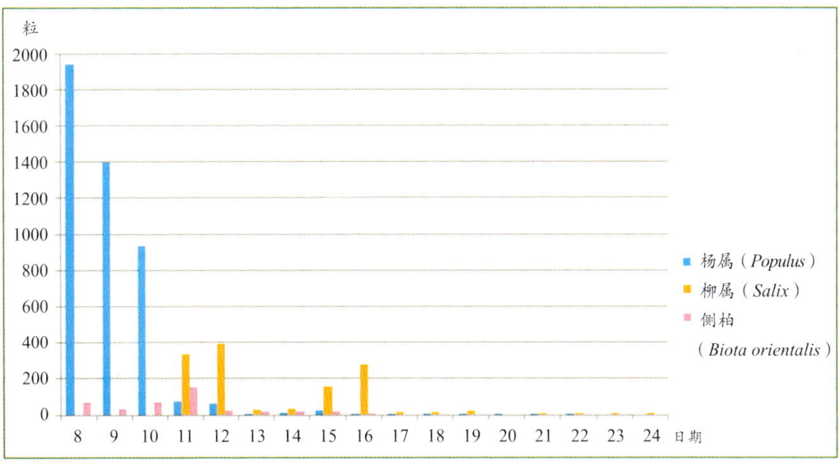

1962 年 4 月杨、柳、侧柏花粉日含量统计（每个载玻片收集到的数量）

（据张金谈，1964）

另一作用就是提供侦察案发地点，例如在我国某大城市就发生过一起凶杀案，当时从被害者尸体上各种情况判断，该人不像是本地人，但也查不出被害者是从哪里来的，公安机关为了寻找这一线索，曾花费了大量人力物力仍无进展，最后公安机关求助于孢粉学家，从被害者尸体上取下的孢粉分析结果表明被害者身上携带的大量花粉为生长于长江中下游的植物类型，由此提供了死者可能住在江浙一带，排除了死者住在北方各省份的可能性，这就大大缩小了破案所需侦察的范围。

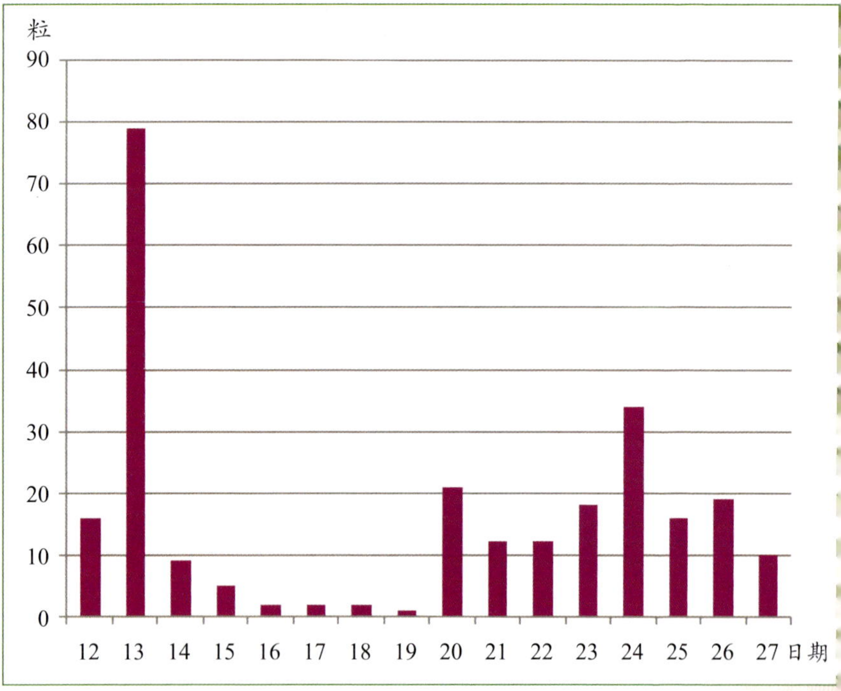

1962 年 3 月榆属花粉日含量统计（每个载玻片收集到的数量）

（据张金谈，1964）

9. 海陆变迁气候变化的孢粉反映

第四纪期间，由于地球上发生大规模的冰川，引起全球性气候变冷，冰川的前进与后退，反映为冰期和间冰期气候。冰川发育时，海水由于蒸发，进行水分循环，大量的水分变成冰川，引起海平面下降；间冰期气候变暖，冰川融化，引起海平面上升。因此，在浅海陆架区，由于第四纪气候的冷暖交替变化，相应地也发生海侵海退的演替。

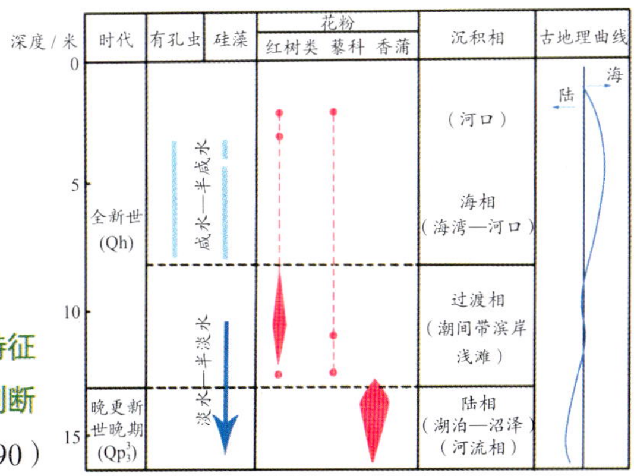

孢粉及微古植物特征与沉积相判断

（据雷作淇等，1990）

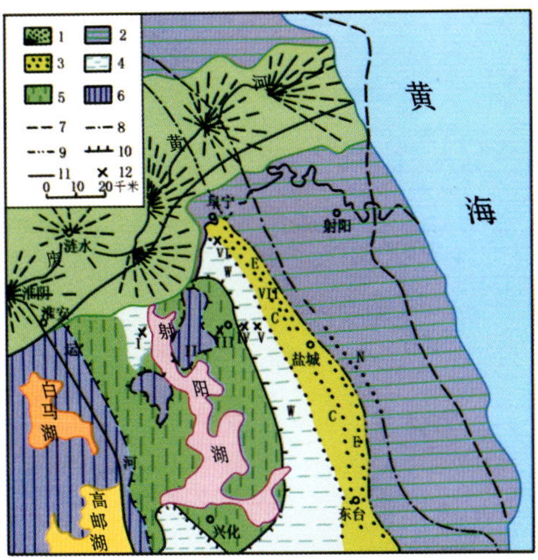

苏北平原中部全新世海岸演变示意图

（据赵希涛，1992）

1—废黄河滩地、决口扇、倾斜平原与三角洲；2—苏北滨海平原；3—沙坝或贝壳沙堤平原；4—古潟湖平原；5—曾受海水波及的湖沼平原；6—冲积与湖沼平原；7—1855年岸线；8—明代岸线；9—宋代岸线；10—中全新世海侵可能范围；11—中全新世海水可能波及范围；12—主要剖面地点；W—西岗，6.5~5.6ka (B.P.)；C—中岗，约4.4ka (B.P.)；E—东岗，3.8~3ka (B.P.)；N—新岗，1.15ka (B.P.)；I—流均；II—九龙口；III—近湖；IV—三叉口；V—庆丰；VI—西园；VII—草堰口

王开发等研究东海海底沉积物的孢粉组合，发现在晚更新世时期地层中与孢粉同时出现丰富的淡水种盘星藻，反映东海陆架当时由于气候寒冷，发生海退，东海陆架大部分出露成为“东海平原”陆地。真所谓“沧海变桑田”。

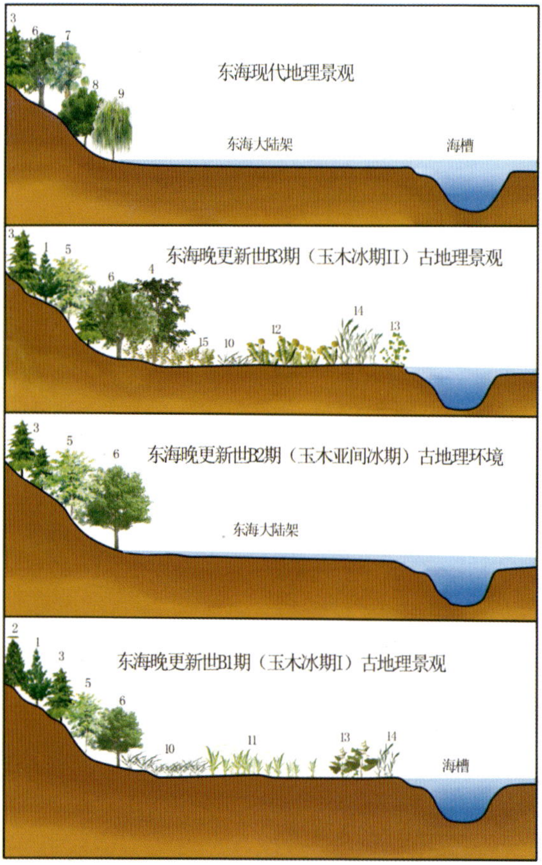

东海更新世晚期古地理环境演变示意图

（据王开发，1987，经修改）

1—冷杉属 (*Abies*); 2—云杉属 (*Picea*); 3—松属 (*Pinus*); 4—柏科 (Cupressaceae); 5—桦木属 (*Betula*); 6—栎属 (*Quercus*); 7—锥栗属 (*Castanopis*); 8—栗属 (*Castanea*); 9—柳属 (*Salix*); 10—禾本科 (Gramineae); 11—莎草科 (Cyperaceae); 12—菊科 (Compositae); 13—藜科 (Chenopodiaceae); 14—蒿属 (*Artemisia*); 15—地榆属 (*Sanguisorba*)

第三部分

花粉的营养与开发

1. 人类认识和使用花粉溯源

中国是世界文明古国之一。早在两千多年前著名爱国诗人屈原在《离骚》中写过餐用花粉的诗句：“朝饮木兰之坠露兮，夕餐秋菊之落英。”唐朝女皇武则天令人采集百花花粉制成“花粉糕”。李商隐盛赞玉米花粉的诗句：“标林蜀黍满山岗，穗条迎风散异香。借问健身何物好，天心摇落玉花黄。”明代的《本草纲目》记载：“松花，甘、温、无毒。润心肺，益气，除风止血，亦可酿酒”。

历代名人论花粉

（据 http://www.ywqbs.blog）

历代江浙民间喜食花粉团子

（据王宪曾，2005）

元朝《普济方》中记载花粉制成的“美容方”，《木兰辞》中写道：“当窗理云鬓，对镜贴花黄”等。

近现代大量药典如《中药大辞典》、《中国医学大辞典》、《最新中药药理与临床应用》、《木本药用植物》等均有对松花粉药理及功效的详细记载。我国著名孢粉学家王宪曾、王开发也多年食用花粉。苏联科学院院士、著名生物学家育欣，通过对200位长寿老人的走访调查，于1945年公开发表了花粉能使人长寿的言论，并于10年内在欧美学者形成了研究、开发、应用花粉的“花粉热”新高潮。1981年6月《全食杂志》（“Whole Food Magazine”）以“总统的力量”为题揭示了原里根总统服用花粉20多年维护健康的秘密。

2. 花粉资源的可利用性是什么？

我国幅员辽阔，大概有4亿～5亿亩[1]农作物的种植面积，可以为我们提供数以万吨计的花粉，其中玉米种植面积最广，一棵玉米的雄花序可产约3500朵小花，每朵小花又可产7500粒花粉，一棵玉米雄花序可产近3000万粒花粉。按1981年统计，单玉米一项蜜蜂一年可采到1.8万吨花粉，这是个惊人的数字。还有油菜花、荞麦、果树等的花粉产量也很可观。

（据 http://www.nipic.com by jinhaibo123）

[1] 1亩＝$666.\dot{6}$米^2。

其次，裸子植物中的松科和杉科花粉产量也很高，欧洲南部的一个云杉林，每公顷可产花粉0.75万吨，我国松科花粉资源也相当丰富，在南方江浙一带有用松树花粉做成松花团子食用的习惯。由于植物总会不停地传宗接代，不断地产生花粉，它不像矿产资源那样具有不可再生性，开采也得耗费大量的人力物力，花粉的采集可以靠蜜蜂代人去采收。所以，别看这小小的花粉，却是取之不尽用之不竭、物美价廉而又物产丰富的天然资源，为我们花粉产品的研制和开发提供了无限的空间。

油松花粉

（作者自拍）

3. 花粉有哪些营养成分？

花粉作为植物体中的一个重要器官——雄性生殖细胞，起着传宗接代的作用，是植物精华之所在。小小的花粉不但包含着生命的遗传信息，而且还包含着孕育新生命的全部营养成分。它几乎包含了自然界的全部营养物质和人体所需要的所有营养素，目前，科学家们从花粉中发现了13大类近400种营养源物质。这几百种营养成分都具有各种不同的营养保健作用，同时，它们之间还存在着完美而均衡的配比，这就确保了花粉对人体不但具有完全而均衡的营养保健作用，而且对人体绝大多数器官系统的疾病有着明显而奇特的功效。除了13大类物质外，还发现了20多种天然物质（植物活性物质）和尚未开展研究的2%～5%的未知物，在许多疑难病症的治疗中，由于病人服用了某种特殊花粉则不治而愈，有些大脑损伤的病人也奇迹般地恢复了失去的记忆和说话能力，这种奇妙的功效很可能是花粉中未知物的功劳。

花粉是微型营养库

（郎琼绘图）

4. 花粉有哪些营养保健作用?

花粉中含有的13大类近400种有效成分，不但是组成人体各部分(大脑、骨骼、肌肉、皮肤、细胞、器官、血液)的物质基础，而且对人体各部分、各种器官均具有十分重要的营养保健作用。人体所必需的六大营养素（蛋白质、矿物质、糖类、维生素、脂肪和水）在花粉中不但含量十分丰富，而且六大营养素之间的配比亦特别符合人体的需要。花粉中的蛋白质平均含量为22%，是构成生物机体和生命的物质基础，是六大营养素中含量最多者，还有能被人体直接吸收的游离氨基酸也较丰富，保证了白细胞新陈代谢的平衡。不同花粉中所含常量元素和微量元素差

花粉的营养保健功能

别很大，合理选择某些特殊的花粉对维持细胞的渗透压与机体酸碱平衡、保持神经和肌肉的兴奋性、保证某些特殊的生理功能等均具有特别重要的意义。花粉中的维生素含量亦十分丰富，它是维持人体正常生理活动的一类有机化合物。如果说蛋白质、脂肪是构成人体的物质基础和能源，那么维生素和矿物质则是人体的润滑剂。

5. 蜂蜜中的花粉与蜂蜜质量的关系

蜂蜜是蜜蜂采集植物中的花蜜或分泌物经过充分酿造而储存在蜂巢中的甜味物质。在蜜蜂采集花蜜的过程中，花蜜中必然含有该种植物的花粉，也根据花粉种属来命名。通过提取蜂蜜中的花粉进行鉴别，是判别蜂蜜种类、质量、真假的有效方法。市场上出现的假蜂蜜多半是人工用淀粉、白糖、色素等配制而成的，从颜色、味道、黏稠度等方面与天然蜂蜜难以区分，这种蜜在显微镜下观察是不能见到花粉的，当然，也有采用人工添加花粉方式混入假蜂蜜中，达到以假乱真的程度，只要细心观察和对比，便可以从蜂蜜所含主要花粉的纯度、种类上进行鉴别。自然真蜂蜜是以一种蜂蜜命名的花粉为主，并伴有多种其他花粉按一定比例混合的，蜂蜜中花粉的比例应与当地蜜源植物类群比例相接近，自然纯正的花蜂蜜含该种花粉在所含全部花粉的比例中必须超过50%，达不到此浓度的只能称为杂蜂蜜。

蜂产品

(据 http://www.nipic.com)

6. 如何采集、保存和加工花粉

通常采集花粉的方式主要有两种：一种是由蜜蜂去采集，也就是蜂花粉；另一种是由人亲自采摘收集，称作人工采集花粉。让蜂采集花粉是在蜜蜂携带着花粉团飞入蜂箱之前，在蜂箱的入口处加一个花粉收集器，便很容易将蜜蜂采集来的花粉团由花粉筐内脱落到蜂箱外面的花粉收集盘中，这就是供人类食用的蜂花粉。人工采集花粉不尽相同，这里介绍一下油松花粉的采集要领，采收之前必须做好充分的准备工作，并密切注意采集地区的物候期变化，以免延误最佳采收期。从雄花成熟而未散粉到刚刚开始散粉为最佳采集期，太早则花粉未成熟，营养物质积累还不够充分，太迟则花粉散失太多，影响采收量。采集时，用塑料食品袋套住新枝将整簇雄球花采下，使之全部落入袋中，回室内摊在纸上晾干或在太阳下晒干，然后轻轻揉搓雄花球，将其全部花粉收集。采集好的原花粉还要经过排除杂质、灭菌消毒、干燥处理，最后装入双层塑料袋中并放入冷冻室保存。

采集油松花粉

油松花粉

7. 花粉在医学中的应用举例

（1）在提高人体综合免疫功能上的疗效

据研究，当人体从外界获得营养之后，它在人体内各系统的分配是不均衡的，营养素被吸收之后先供给大脑，其次是心脏，免疫系统最后才能获得营养的补充。一旦人体中的营养素供应不足，首先受到影响的就是免疫系统，而人体免疫器官所需的多种营养又必须是全面且配比均衡的，这样才能保证免疫系统健康运转。花粉中含有人体免疫系统所需的全部营养成分，能营养各种免疫器官，能使脾脏和淋巴结生长加速，增加脾脏和淋巴结的质量，阻止免疫机制对免疫器官的损害，加速抗体的产生和延缓抗体的消失，促进T淋巴细胞和巨噬细胞的增多，并提高吞噬能力，全面提高机体的免疫功能。据李存德（1987）报道，党参花粉在正常小鼠免疫功能实验中得到证实。据卢研源（1988）报道，在用花粉水溶液提取物对小鼠免功疫能的影响试验中也获得证明。

花粉是人体免疫功能的增强剂

（据王宪曾，2005，经修改）

（2）在治疗心脑血管疾病方面的疗效

心脑血管疾病多由高血脂、高血压、高血液黏稠度（统称“三高”）诱发而成，其中又以高血脂为关键因素，因而降血脂是防治心脑血管疾病的有效措施。花粉中的黄酮类化合物具有明显的抗动脉硬化、降低胆固醇、解痉和辐射防护作用。

长期食用花粉能延缓衰老

（据王宪曾，2005，经修改）

保加利亚医生为60例高血脂患者和40例脑动脉粥样硬化患者施以花粉治疗。一个月后发现患者血清胆固醇、游离脂肪酸、甘油三脂、β-脂蛋白和白蛋白均有明显的降低，头痛、心绞痛和记忆力下降等动脉粥样硬化症状普遍好转。花粉对脑血管疾病也有较为理想的疗效。李忠谱等用复方花粉丸治疗经CT扫描确诊的脑血栓病人11例，其中5例一开始就用花粉治疗1~3个疗程，治愈率为100%。另外6例用其他药物治疗无效后再用复方花粉丸治疗1 ~ 3个疗程，治愈率为98.6%。花粉对于因脑血管供血不足引起的头痛和脑血管畸形更显示出奇效。据河北省遵化市乡海兵报道：有一患者患脑动脉硬化症多年，百医无效，后在北京某医院确诊为“四条脑血管中有三条已经失去供血功能”。经服用花粉一个疗程后，病情明显好转，生活已能自理。他再次到北京某医院检查时，脑血管全部恢复了正常供血功能。

（3）在增强体力、提高运动水平方面的疗效

在对运动员训练的研究中，近年来国际上也不断报道一些优秀运动员，甚至奥运会冠军得主也有长期服用花粉的记录。我国国家体委科研所对花粉提高运动员竞赛水平方面也进行了一些观察研究。从对运动员的观察中，证明花粉具有明显的抗疲劳作用，可以快速恢复体力、提高体力、提高机能，提高竞赛成绩，而且经检查证实天然花粉素不含激素。芬兰长跑运动员Lasse Viren服用花粉后体力

体育运动员食用花粉

（郎琼绘制）

增强，耐力提高，能很快消除疲劳，在1972年第20届奥运会上获得5000米、10000米长跑冠军，并蝉联1976年第21届奥运会该两项的金牌。芬兰的其他运动员也由于服用花粉而大大受益。分析认为花粉和蜂蜜能给运动员提供快速释放的能量，增加消化器官的过重负担，使运动员运动后快速恢复能量。1983年6～8月浙江体委在研究花粉对训练影响的试验中，抽样测定406人次，其中298人次身体素质指标及专项运动成绩的提高率为73.4%。

8. 花粉资源的开发现状及前景

我国花粉资源非常丰富，经过几十年的发展，在营养成分的基础研究和应用研究方面已全面深入开展，对花粉的保健功能因子和药用功能因子，以及药理、药效研究也全面展开，获得多方面可喜成果，有些方面的研究水平已进入国际前沿。花粉产品具有全天然、全营养、配比平衡、易被吸收、多种疗效等特点，因此，在开发的普通食品、强化食品、保健食品、特效药品方面深受广大消费者的青睐。据统计，2002年以前国家批准的花粉保健食品就有29种，被卫生部批准的花粉准字号药品已有7种，如浙江的“前列康”、安徽的“花粉片”、进口的“舍尼通”、“复方消渴丸”等，其中“前列康”一种，就占国内花粉市场份额的三分之一，年产值近5000万元。每年都有相当数量的原料花粉出口，在国际原料花粉市场占有相当的比例。花粉药品的开发已经引起了人们的重视，还有几种花粉新药正在研制或待批中，这标志着我国花粉产品正在向高科技方向发展。

9. 哪些植物的花粉有毒？

自然界中有些植物体有毒而花粉无毒，有些花粉有毒而植物体无毒，有毒花粉虽然种类及数量极少，但对人和蜜蜂的危害都极为严重，为了及时辨认有毒花粉，防止中毒，现将我国常见的有毒蜜、花粉的植物做简单介绍。

（1）雷公藤，多生长于长江流域以南各山区的山谷、山坡灌丛及疏林中，通常在湖南为6月开花，蜜蜂采后中毒。属于卫茅科中的雷公藤属，藤本或灌木，高在3米。花粉扁球形，极面观为3～4裂圆形，大小为25～32微米，3～4孔沟，孔沟明显，沟长，末端尖，孔大，近圆形，表面具规则的网状纹饰。

雷公藤

（据 http://www.coopop.hudong.com）

（2）珍珠花，又名山胡椒、乌饭、南烛，属于杜鹃花科，落叶小乔木或灌木，分布于西南各省（区）及台湾、西藏一带较高的山坡、山谷、灌丛及林缘，花期5～6月，花蜜含毒素，味道发苦、发麻。花粉形态为四合体，单粒三孔沟，大小25～40微米。

珍珠花

（据 http://www.quanjing.com）

（3）羊踯躅，又名黄杜鹃、闹羊花、老虎花，属杜鹃花科，落叶灌木，高1～2米，主要分布于长江以南各省（区）。花粉四合体，大小37～62微米。

羊踯躅

（据 http://www.hnhm.com）

（4）藜芦，又名大藜芦、黑藜芦、老旱葱，属百合科，多年生草本，高0.6～1米，分布于东北林区，华北、西北亦有，花期在东北为6～7月，本属各种均为有毒蜜源植物，蜜粉丰富，蜜蜂采食后很快抽搐而死，花粉宽椭圆形，大小20～35微米，具单远极沟，表面具细网状纹饰。

藜芦

（据 http://www.zhong-yao.net）

（5）油茶，又名油茶树、茶子树、建茶，属山茶科，常绿灌木或小乔木，高2～3米，分布于我国中南至东南各省（区），喜生于温暖湿润气候，花期10～12月，花蜜相对丰富，使蜜蜂中毒，但对人体无毒。花粉近球形，大小26～28微米，三孔沟，表面具细网状纹饰。

油茶

（据 http://www.nipic.com）

（6）钩吻，又名葫蔓藤、大茶藤、断肠草，属马钱科，常绿藤本，主要分布于浙江、福建、广东、广西、贵州、云南等地的向阳山坡、路旁、草丛中，花期6～8月。根、

钩吻

（据 http://www.tupian.hudong.com）

茎、叶三部分均有剧毒。花粉球形，大小31～35微米，三孔沟，表面为颗粒组成的网状纹饰。

（7）乌头，又名草乌、老乌，属毛茛科，多年生草本，分布于东北、西北、华北和长江以南各省（区）的山坡草地。花粉近球形，大小25～30微米，三沟，表面具颗粒状纹饰。乌头含有乌头碱、中乌头碱等，花蜜和花粉对蜂有毒。

乌头

（据 http://www.nipic.com）

（8）其他有毒植物还有昆明秋海棠，雷公藤属，卫矛科，俗名：白背雷公藤、山砒霜、鸭子药。曼陀罗，茄科，直立草本，俗名：醉心草，狗核桃。曼陀罗生于山坡、草地、路旁、溪边，在海拔1900～2500米处较多。八角枫，八角枫科，灌木或小乔木，俗名：包子树，生于溪边、旷野及山坡阴湿的杂木林中，分布于长江和珠江流域各省（区），花期6～7月。苦皮藤，卫矛科，藤本灌木，俗名：苦树皮、棱枝南蛇藤、马断肠，生于海拔400～3600米的山地疏林、灌丛中的湿润处，常和白刺花等混生，分布于甘肃、陕西、河南、四川、湖南、湖北等省。喜树，紫树科，落叶乔木，俗名：旱莲木、千仗树，多生于海拔1000米以下的溪流两岸、山坡、谷地、庭园、路旁土壤肥沃湿润处，分布于浙江、江西、湖南、湖北、四川、云南、贵州、广西、广东、福建等省（区）。 博落回，罂粟科，多年生草本植物，俗名：号筒杆、黄薄荷，分布于低山、丘陵、山坡、草地、林缘或撂荒地，我国湖南、湖北、江西、浙江、江苏等省均有分布，花期6~7月，对蜜蜂和人有剧毒。

主要参考文献

官子和. 2011. 中国常见水生维管束植物孢粉形态. 北京：科学出版社

雷作淇，郑卓. 1990. 黄茅海晚第四纪孢粉组合与环境变迁. 热带海洋，9（4）：24~27

李承森，扆铁梅，姚轶锋等. 2009. 中国植被演替与环境变迁（第二卷·中国北方新生代植物和气候）. 南京：江苏科学技术出版社

李天庆，曹慧娟，康木生等. 2011. 中国木本植物花粉扫描电镜图. 北京：科学出版社

林景星，施倪承. 2012. 地球与环境. 北京：地质出版社

刘全儒. 2010. 常见有毒和致敏植物. 北京：化学工业出版社

莫多闻，曹锦炎，郑文红等. 2007. 环境考古研究. 北京：北京大学出版社

乔秉善. 2005. 中国气传花粉和植物. 北京：中国协和医科大学出版社

仇建东，刘健，孔祥淮等. 2012. 山东半岛南部滨浅海区的海洋灾害地质. 海洋地质与第四纪地质，32（1）：27~23

沈吉，薛滨，吴敬禄等. 2010. 湖泊沉积与环境演化. 北京：科学出版社

王伏雄，钱南芬，张玉龙等. 1995. 中国植物花粉形态（第二版）. 北京：科学出版社

王开发，王宪曾. 1983. 孢粉学概论. 北京：北京大学出版社

王开发，徐馨. 1992. 第四纪孢粉学. 贵阳：贵州人民出版社

王开发等. 2004. 花粉的功能与应用. 北京：化学工业出版社

王萍莉. 1997. 中国实用花粉. 成都：四川科学技术出版社

王宪曾，王开发. 1990. 应用孢粉学. 西安：陕西科学技术出版社

王宪曾. 1992. 花粉、环境、人类. 北京：地质出版社
王宪曾. 2005. 解读花粉. 北京：北京大学出版社
王宪曾. 2014. 孢粉研究览要. 北京：石油工业出版社
吴萍. 2013. 小学生科学大百科. 北京：朝华出版社
许清海，孟令尧，阳小兰等. 1999. 应用花粉分析预报板栗产量的研究. 植物生态学报. 23（4）：370~378
许清海，阳小兰，孟令尧等. 1997. 大气中板栗花粉散布特征研究. 地理学与国土研究. 13（1）：50~60
杨振京，杨庆华. 2013. 孢粉分析原理与方法. 北京：地质出版社
张金谈，王莉萍，郝海平等. 1990. 现代花粉应用研究. 北京：科学出版社
张金谈. 1964. 北京西郊空气中的花粉. 植物学报，12（3）
张小平，周中泽. 1998. 中国蓼科花粉的系统演化. 合肥：中国科学技术大学出版社
张新时. 2007. 中国植被及其地理格局：中华人民共和国植被图（1：100万）说明书. 北京：地质出版社
张玉龙，吴鹏程. 2006. 中国苔藓植物孢子形态. 青岛：青岛出版社
赵希涛，王绍鸿. 1992. 中国全新世海面变化及其与气候变迁和海岸演化的关系. 见：施雅风主编，孔昭宸副主编. 中国全新世大暖期气候与环境. 北京：海洋出版社，111~120
中国科学院植物研究所古植物室孢粉组（IB）. 1976. 中国蕨类孢子形态. 北京：科学出版社
中国科学院植物研究所古植物室孢粉组和华南植物研究所形态研究室（IB和SCIB）. 1982. 中国热带亚热带被子植物花粉形态. 北京：科学出版社
周昆叔. 2012. 自然与人文. 北京：科学出版社
周山富，杨方之. 2007. 孢粉地质学. 杭州：浙江大学出版社